EXPLICATION

DES PROPORTIONS

GÉOMÉTRALES

DU CHEVAL

Vu dans ses trois principaux aspects, suivant les principes établis dans les Ecoles Royales Vétérinaires.

A PARIS,

Chez VALLAT LA CHAPELLE, Libraire, au Palais, sur le Perron de la Sainte Chapelle.

M. DCC. LXX.

¶
n
pi
de
vi
fc
pa
ci
le
pl
fic
lie
q
p
fie
qu
d l
fi
pi
pa
feq

EXPLICATION

*Des Proportions géométrales du Cheval vu dans
ses trois principaux aspects, suivant les principes établis dans les Ecoles Royales Vétérinaires.*

L A planche ci-jointe présente, en trois figures
tracées selon les loix du dessin géométral, les
principaux contours d'un beau cheval vu de face
dans la premiere, vu latéralement dans la seconde,
vu postérieurement dans la troisieme. Ces figures
font traversées en divers fens, & circonscrites
par une multitude de lignes droites; parmi celles-
ci il en est qui, par leur longueur relative & par
leur origine, expriment les mesures qu'il faut appliquer aux parties pour en comparer les dimensions au tout qu'elles forment, & démontrent les
lieux & le fens qu'on doit observer, en les appli-
quant à celles d'un cheval qu'on prétend comparer au modele. Il en est d'autres qu'il faut con-
sidérer comme autant de plans vus de profil, les-
quels couperoient ces mêmes parties ou les tou-
cheroient feulement en leurs points les plus fail-
lans ; or, toutes les lignes qui expriment des mesures font cotées d'une lettre appliquée à peu
près dans leur milieu, la même lettre désignant
par-tout la même ligne de cette espece, par con-
séquent la même mesure & toutes celles qui ne
font cotées d'aucune lettre qui leur soit propre,
représentent les plans dont nous venons de par-

A ij

ler : c'eſt par ces dernieres que nous commençons notre explication.

La ligne qui termine inférieurement la planche, repréſente un ſol plane & parfaitement de niveau ſur lequel le cheval ... nguré non-ſeulement arrêté, mais fixé dans une poſition réguliere par une ſavante main, c'eſt - à - dire, ſelon les loix de la nature ſecondée conformément à ſes vues. Cette poſition eſt celle d'un cheval en état d'entamer franchement & ſur le champ l'allure qu'on peut lui demander. On l'a choiſie par préférence à toute autre, parce qu'elle a des caracteres diſtincts & faciles à ſaiſir, & qu'on peut y tenir l'animal pendant tout le temps néceſſaire pour meſurer les parties dont les dimenſions varient avec la poſition générale du corps.

La premiere horizontale qui ſe préſente en remontant de la ligne du ſol, & qui, comme elle, traverſe toute la planche, eſt un plan qu'on ſuppoſe parfaitement de niveau comme le premier, touchant au ſommet du garot & coupant les parties ſupérieures des figures.

La troiſieme horizontale qui regne au-deſſus de celle dont nous venons de parler, eſt encore un plan parallele aux deux premiers, lequel toucheroit au ſommet du toupet.

Quant aux lignes verticales, celle qui diviſe la premiere figure de face en deux moitiés ſemblables, eſt la repréſentation d'un plan qui couperoit tout le corps de l'animal, ſuivant ſon grand axe, & deſcendroit du plan horizontal ſupérieur ſur le ſol; c'eſt ce même plan que repréſente la

ligne qui coupe en deux parties égales & semblables la troisieme figure.

La verticale qui passe par l'œil & le nazeau dans
la figure de profil, est une ligne de mesure ; mais
celle qui la suit & touche la pointe du bras, doit
être considérée comme un plan qui coupe les premiers à angles droits ainsi que la partie antérieure
de l'avant-main, en touchant en même temps aux
deux pointes du bras ; les trois verticales suivan-
tes, ainsi que celle qui touche à la pointe de la
fesse, sont de même autant de plans verticaux
coupans les premiers à angles droits, sur-tout celui
du grand axe du corps.

La petite verticale, chargée des chiffres, 1, 2,
3, &c. est la longueur géométrale de la tête ;
elle est cotée, *A* : on doit entendre que toutes les
lignes de mesures qui sont cotées de cette même
lettre, & qu'on trouvera dans l'une des trois
figures, désignent que l'intervalle ou la ligne
droite tendue du point du contour où touche
une de leurs extrêmités, au point du même contour où touche leur autre extrêmité, a la même
longueur que la tête mesurée de la même maniere
par une droite menée de son point le plus émi-
nent à son point le plus inférieur. Ainsi :

A (Fig. I & III) nous montre que le coffre,
mesuré géométralement d'un côté à l'autre, au
plus saillant, a une *tête* de largeur. La même lettre (Fig. II) désigne les lieux où il faut appliquer
les deux extrêmités de cette mesure, en même
temps qu'elle fait voir par la partie du plan vertical qu'elle intercepte, que ce même coffre est aussi
haut que large dans le lieu où il est le plus large.

& le plus haut ; enfin, que ce lieu est marqué par le plan vertical qui coupe le dos, passant par son milieu qui en est le point le plus rabaissé.

Cette même lettre nous désigne encore que la hauteur entre le sommet du coude & le sommet du garot, est une *tête* ; & que la longueur de l'encolure se réduit à une *tête*, à la mesurer par une ligne droite en forme de corde d'arc, entre le sommet du garot & le point postérieur de la nuque, quand la tête de l'animal est bien placée.

Enfin cette même ligne étant aboutie trois fois entre le plan horizontal supérieur & le sol, nous dit que quand la tête de l'animal est bien placée, le sommet du toupet est élevé de trois *têtes* au-dessus du point du sol qui lui répond verticalement ; & comme cette derniere ligne avec le plan vertical de la pointe de la fesse, avec le point horizontal supérieur & l'inférieur, ou le sol, forme un quarré parfait, on voit qu'un cheval, bien proportionné & bien placé, a autant de longueur que de hauteur ; car le haut de l'encolure, ornée de sa criniere, sortiroit du quarré par-dessus, autant que le front & le chanfrein en sortent par le côté.

B. Cette ligne a la valeur de deux fois & demie la ligne, *A*, c'est-à-dire, de deux *têtes* & demie, comme il est facile de le voir par la seconde Figure ; puisque du sol elle s'éleve jusqu'au plan horizontal qui coupe la tête par la moitié de sa longueur, & qu'entre la partie inférieure de cette même tête & le sol, il s'en trouve deux longueurs entieres : or c'est-là la hauteur du cheval mesuré à la potence du sommet du garot à terre, & nous

(7)

voyons cette même ligne tendante de la pointe
du bras à celle de la fesse ; en effet ces deux
dimensions sont égales dans un cheval bien proportionné.

C, est attribué à une ligne abaissée (Fig. II) du
sommet de la tête jusqu'auprès de la commissure
des lèvres. Cette mesure seroit trop longue si elle
alloit jusqu'à la commissure même, à moins que
la bouche ne fût très-fendue ; or on trouve dans
la même Figure une ligne, C, tendante de la pointe
du bras à l'insertion de l'encolure dans l'auge,
une autre tendante du sommet du garot à l'insertion de l'encolure dans le poitrail , une troisieme tendante de la pointe supérieure de l'angle
antérieur de l'os iléon qui soutient la hanche à la
tubérosité de l'ischion qui soutient la pointe de la
fesse ; trois autres semblables , l'une tendante du
sommet de la croupe marqué par un des plans
verticaux au haut du grasset, l'autre de ce point
à la partie saillante & latérale du jarret ; enfin la
troisieme de cette partie saillante & latérale
au sol , d'où il faut conclure que toutes ces
dimensions doivent être égales entr'elles. La
même ligne (Figure III) annonce que le travers
de la croupe du plus saillant d'une hanche au
plus saillant de l'autre hanche , est égal aux pré-
cédentes dimensions.

On trouve encore (Fig. II) une ligne mar-
quée, C, tendante du sommet du garot au grasset,
& une autre semblable tendante de la pointe du
coude au sommet de la croupe : la valeur de chacune de ces lignes est deux fois celle de la ligne
C, d'où il suit que ces dimensions font chacune
le double de la premiere.   A iv

D, parallele & voisine de la verticale, *A*, chargée de chiffres , vaut, comme on le voit par ces
mêmes chiffres , deux tiers de, *A*, ou de la *tête* ;
or, on voit (Fig. I) que c'est-là la largeur du
poitrail mesurée d'une pointe de bras à l'autre in-
clusivement , ce qui en fait la plus grande largeur.

On voit (Fig. II) sur le plan horizontal du
garot, que de l'insertion de l'encolure dans l'auge,
au sommet du garot , de ce sommet à l'aplomb
du milieu du dos , de cet aplomb à celui du sommet de la croupe , & enfin de ce dernier à celui
de la fesse , tous points marqués par ces plans verticaux , il y a la même distance , & qu'elle est des
deux tiers de la longueur de la tête.

E, autre parallele & voisine de, *A*, & qui en est
la moitié , fait voir (Fig. II) que l'encolure vue
latéralement a une *demi-tête* de largeur dans le
lieu où elle en a le moins , c'est-à-dire, de son insertion dans l'auge à la criniere , la ligne de mesure faisant deux angles égaux avec le contour
supérieur.

Que la pointe du bras est à une *demi-tête* en
avant du plan vertical qui passe par le sommet du
garot , & qu'elle n'est pas le point le plus saillant
du poitrail vu de profil ; mais il s'en manque de
peu , & le garot n'est pas non plus le terme réel
de la hauteur apparente du corps du cheval , ce
lieu n'étant jamais dépourvu de crins ; & si l'on
a égard à ce que les crins ajoutent, l'égalité entre la
hauteur & la longueur du corps du cheval se trouvera rétablie.

F, autre parallele à, *A*, qu'on trouve dans l'angle

de la planche, & qui eſt viſiblement un tiers de cette ligne ou de la *tête*, ſe montre dans la premiere Figure tendante du ſommet du toupet au milieu d'une horizontale qui paſſe par les points les plus ſaillans des orbites ; ce qui indique la vraie place de ces points : on voit cette même ligne en travers au-deſſous des yeux, parce que la tête vue de face a pour largeur immédiatement ſous les paupieres inférieures, un tiers de ſa longueur.

Cette même ligne (Fig. II) dit que le haut de l'avant-bras vu lateralement, a pour largeur du coude au contour antérieur un tiers de *tête*, ou la largeur de la tête meſurée ſous les paupieres inférieures.

G, voiſine de, F, & valant les deux tiers de cette ligne, ne ſurpaſſe que de fort peu la longueur de l'intervalle qui ſépare les jambes antérieures l'une de l'autre à leur origine, autrement dit aux ars (Fig. I).

Cette ligne (Fig. II) eſt la meſure de l'intervalle qu'on trouve entre la pointe du coude & le niveau du deſſous du ſternum :

De celui qu'on peut meſurer entre le milieu du dos & le plan horizontal du garot.

Elle eſt égale enfin à la largeur de l'extrêmité poſtérieure vue latéralement & meſurée au lieu le plus étroit de la jambe près du jarret.

H, voiſine de la précédente, valant viſiblement les trois quarts de, G, ou la moitié de, F, déſigne (Fig. I) que le haut de l'avant-bras vu de face, ainſi que le genou & la couronne, ont cette largeur ; mais il faut ſe reſſouvenir qu'elle eſt trop foible pour l'avant-bras ; trop foible encore, mais moins pour la couronne, & trop forte pour le genou, de fort peu de chofe à la vérité.

Cette même ligne (Fig. II) avertit que la couronne des pieds antérieurs eft également large, foit qu'on la mefure d'un côté à l'autre, foit qu'on la mefure de l'arriere à l'avant, & que le boulet poftérieur vu latéralement préfente la même dimenfion.

Enfin cette même ligne (Fig. III) inftruit que le jarret vu poftérieurement, & la couronne mefurée d'un côté à l'autre, & non de l'avant à l'arriere, préfentent auffi cette même dimenfion, un peu foible à la vérité pour le jarret.

I, qu'on découvre entre, K, &, H, dans l'angle de la planche, & qui vaut les trois quarts de, K, ou un quart de, F, montre (Fig. I & III) la largeur des canons vus antérieurement & poftérieurement, prife dans le milieu de leur longueur où ils font le moins épais ; mais les canons de l'arriere-main ont un peu plus d'épaiffeur que cette mefure n'en donneroit.

K, valant un tiers de, F, ou les deux tiers de, H, eft la mefure de l'épaiffeur des avant bras vus de face (Fig. I) & près du genou : celle du paturon poftérieur vu latéralement (Fig. II).

L, hauteur du plis du genou au coude, comme on le voit (Fig. II) fe montre encore de ce plis à terre, parce que ces deux dimenfions font égales.

On voit encore la même ligne tendante du graffet au plis du jarret, & de ce plis à la couronne ; mais il faut obferver qu'elle n'eft jufte qu'autant que l'animal a la pince à l'aplomb du centre de mouvement de fa cuiffe, le membre étant moins fléchi qu'il ne l'eft dans la Figure.

M, fixieme partie de, L, comme on le voit entre le plis du genou & le fol (Fig. II) eft la largeur latérale des canons antérieurs prife au même lieu que leur épaiffeur:

Et la largeur des boulets antérieurs vus de face.

N, tiers de cette même ligne, comme on le voit entre le genou & le fol (Fig. II] donne très-peu plus que la largeur du jarret vu latéralement & mefuré de la pointe au plis.

O, Quart de cette même ligne, comme on le voit (Fig. II) entre le genou & le coude, donne la largeur latérale du genou mefuré du contour antérieur au plus faillant du poftérieur:

Et fa hauteur mefurée de l'éminence mitoyenne de l'os du canon à celle de l'os de l'avant-bras; éminences qu'on fent au tact, & qui doivent être comprifes dans cette dimenfion.

P, intervalle des yeux d'un grand angle à l'autre, donne la largeur latérale des membres de l'arriere-main vus latéralement (Fig. II) & mefuré au haut de la jambe, de la coupure de la feffe, au point du contour antérieur où finit inférieurement la tubérofité antérieure de l'os, lieu que la figure indique affez bien, & qu'on fent encore aifément par le tact.

$\frac{1}{2} P$, moitié de l'intervalle qui fépare les yeux l'un de l'autre, eft la largeur latérale du canon poftérieur (Fig. II).

Celle du boulet antérieur, mais un peu foible
(*Ibid.*)

Enfin la différence de la hauteur de la croupe
relativement à celle du garot : cette différence
feroit moindre d'un tiers de la ligne, *K*, fi le cheval avoit la pince dans la direction verticale du
centre de mouvement de la cuiffe, & ne fléchif-
foit pas un peu chaque articulation de ce membre,
comme l'exige la pofition dans laquelle on l'a
figuré.

Des à plombs. La largeur d'une des jambes antérieures vues
de face (Fig. I) eft divifée en deux moitiés par
une verticale qui s'éleve du fol jufqu'au-deffus du
genou, celle d'une des jambes de derriere (Fig.
III) eft divifée de même par une ligne femblable : il faut confidérer ces lignes comme deux
plans verticaux paralleles à celui du grand axe
du corps, & éloignés de lui de toute la ligne, *H*,
coupant l'un les fabots, les couronnes, les pa-
turons, les boulets, les canons, & le bas du genou & du jarret du hors montoir, & l'autre les
mêmes parties du montoir, felon leur longueur,
en deux parties égales tant par devant que par
derriere, & le haut des genoux, ainfi que le
bas des jambes, en deux parties prefqu'égales,
laiffant aux internes un peu plus de largeur qu'aux
externes, par rapport aux genoux & aux jarrets,
& moins aux internes qu'aux externes, par rapport aux avant-bras & aux jambes.

Le cheval n'eft à plomb qu'autant que fes
membres font naturellement difpofés de maniere
que de pareils plans pourroient les couper ainfi,
& que dans les allures de l'animal par le droit,

plétent leur action fans forcer aucune-
ment ces plans ni d'un côté ni d'autre ; il faut
encore que fes membres antérieurs , confidérés
latéralement, foient difpofés tellement , qu'une
verticale femblable à celle qu'on voit (Fig. II)
fous les lettres, $F, O, M, \frac{1}{2}P$, partage en deux parties
égales la largeur du boulet & du canon, & ne
laiffe de celle du genou que très-peu plus en avant
qu'en arriere, aboutiffant au haut de l'avant-bras,
un peu en avant du tiers poftérieur de fa largeur , F.

La pince alors n'eft qu'à une très-petite dif-
tance en arriere du plan vertical de la pointe du
bras, mais le coude eft un peu plus diftant de
celui du garot que la pince ne l'eft du premier.

Le coude, fans fauffer l'à plomb, feroit moins
éloigné du point vertical du garot , fi l'animal
n'étoit pas ici pris dans une forte d'enfemble ; la
pince feroit plus éloignée de celui des pointes du
bras , & le garot feroit un peu moins élevé fur le
fol , les angles de l'épaule avec le bras , & du bras
avec l'avant-bras , étant moins ouverts.

Quant aux extrêmités poftérieures confidérées
latéralement, l'à plomb n'en feroit pas fauffé, dans
le cas où la pince feroit moins rapprochée du plan
vertical de la croupe, pourvu qu'elle n'en fût pas
éloignée de plus d'une longueur du pied dans l'attitude la plus familiere à l'animal lors du repos ; il
feroit fauffé, fi dans le même moment de repos, l'a-
nimal plaçoit fon pied en avant du plan vertical de
la croupe. Il eft de la régularité de l'attitude, dans
laquelle on l'a repréfenté , que la pince touche à
ce plan vertical , & que le point de la jambe où

finit le graffet, & où l'on commence à fentir l'os en la touchant antérieurement, atteigne en même temps ce même plan vertical.

Enfin on voit trois lignes aboutiffantes au même point au deffus & en arriere du garot, qui partent de différens points pris dans la direction verticale de la bouche ; elles repréfentent les rênes dans trois directions différentes, & fervent à démontrer, favoir :

La plus baffe, que fi la tête du cheval eft trop longue, les branches du mors operent fur les barres l'effet des branches hardies, ce qui a toujours lieu, lorfque l'angle, réfultant des rênes & des branches, eft fort aigu.

La plus élevée, que fi la tête eft trop courte, les branches du mors n'auront d'effet que celui des branches flafques, l'angle étant alors plus ou moins obtus.

Celle qui tient le milieu entre les deux, dont nous venons de parler, montre l'excès dans la direction des deux autres.

Voyez fur ces objets les *Elémens de l'Art Vétérinaire*, *de la conformation extérieure du Cheval*, feconde partie. Au furplus il ne s'agit, foit dans la Planche qu'on vient d'expliquer, foit dans l'Ouvrage cité, que des mefures à peu près égales des parties, c'eft-à-dire, de celles que l'œil habitué peut aifément comparer ; elles font prifes plus rigoureufement, & feront données plus en détail dans l'Ouvrage deftiné aux Peintres & aux Sculpteurs, auquel on joindra l'*Hippometre*.

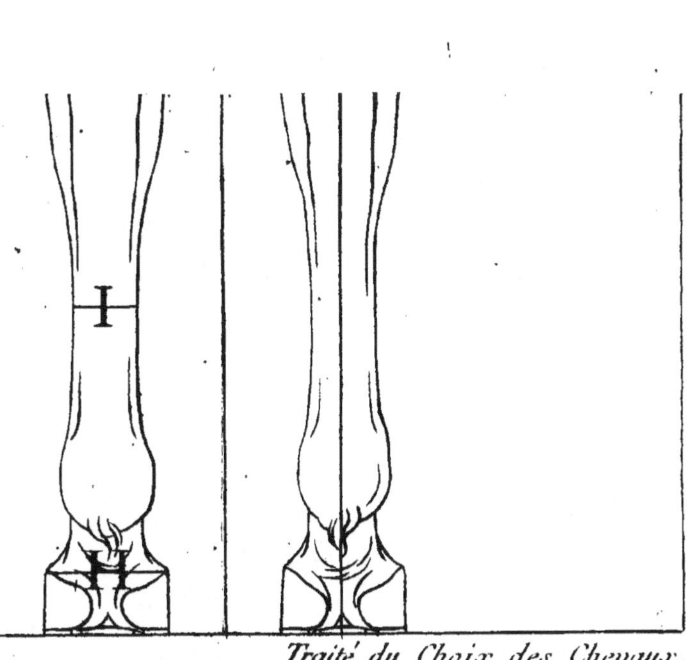

Traité du Choix des Chevaux.

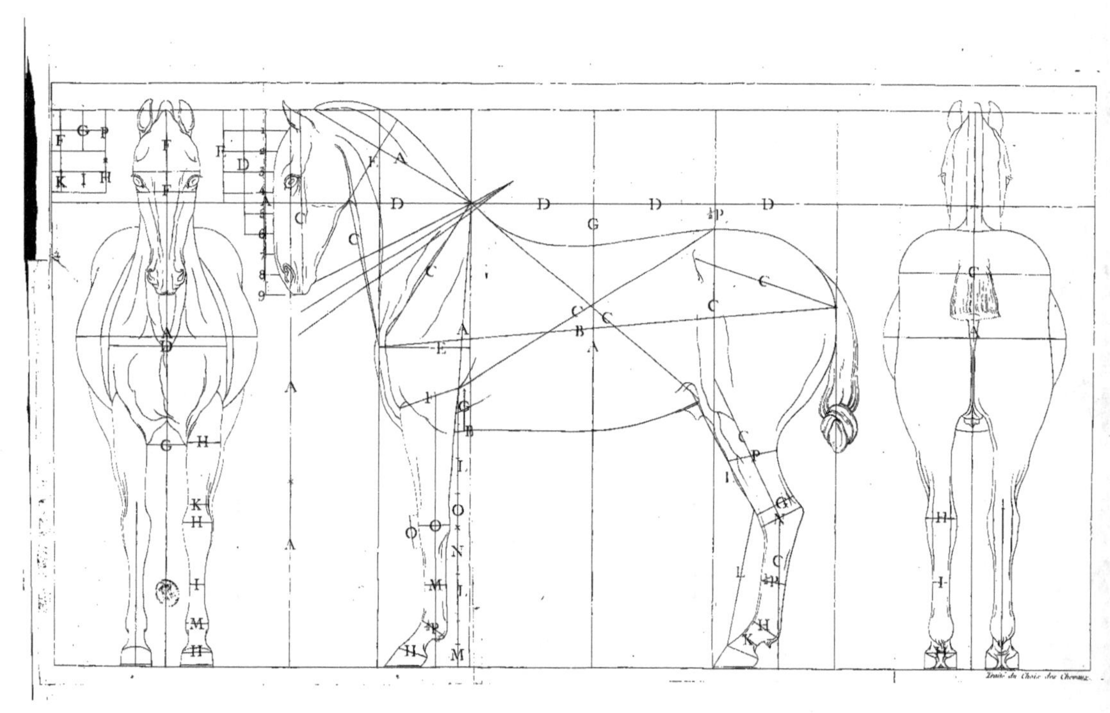

Traité du Choix des Chevaux.